汤煲

美食生活工作室　组织编写

巧厨娘

十/年/经/典

青岛出版集团 | 青岛出版社

图书在版编目（CIP）数据

巧厨娘十年经典 . 汤煲 / 美食生活工作室组编 . ——
青岛 : 青岛出版社 , 2022.1
ISBN 978-7-5552-7445-2

Ⅰ . ①巧… Ⅱ . ①美… Ⅲ . ①保健 – 汤菜 – 菜谱
Ⅳ . ① TS972.122

中国版本图书馆 CIP 数据核字（2021）第 275162 号

QIAOCHUNIANG SHI NIAN JINGDIAN　TANGBAO
书　　　名	巧厨娘十年经典　汤煲
组织编写	美食生活工作室
出版发行	青岛出版社
社　　　址	青岛市崂山区海尔路182号（266061）
本 社 网 址	http://www.qdpub.com
邮购电话	0532-68068091
策划编辑	周鸿媛
责任编辑	逄 丹 肖 雷 刘 倩
特约编辑	王 燕
封面设计	毕晓郁
装帧设计	毕晓郁 叶德永 朱 睿 姜丽娟
制　　　版	青岛乐道视觉创意设计有限公司
印　　　刷	青岛新华印刷有限公司
出版日期	2022年1月第1版　2023年12月第2版　2023年12月第2次印刷
开　　　本	16开（787毫米×1092毫米）
印　　　张	7
字　　　数	130千
图　　　数	700幅
书　　　号	ISBN 978-7-5552-7445-2
定　　　价	39.80元

编校印装质量、盗版监督服务电话　4006532017　0532-68068050
建议陈列类别：生活类　美食类

巧厨娘十年经典　汤煲

目录 CONTENTS

Part 3
煲给全家人喝的美味汤

扫一扫，加入青版图书数字服务公众号，选择"巧厨娘十年经典 汤煲"即可观看带 🎬 图标的美食制作视频。

Part 1

煲汤入门

一、煲汤选材有讲究

好的食材是做出好汤的关键

用来做汤的主料，通常为动物性原料，如鸡肉、鸭肉、猪瘦肉、猪骨、火腿、鱼肉等。这些食材含有丰富的蛋白质和氨基酸。肉中能溶于水的氨基酸，是鲜味的主要来源。

据说，在古希腊奥林匹克运动会上，每个参赛者都带着一只山羊或一头小牛到宙斯神庙中去，先放在祭坛上祭告一番，然后按照传统仪式宰杀掉，并将肉放在一口大锅中煮。煮熟的肉，参赛者与非参赛者一起分而食之，但汤却留下来给参赛者喝，使参赛者增强体力。说明在那个时候，人们可能已经知道煮食物的汤的营养十分丰富。

尽管汤的营养比较丰富，但并不是说汤的营养胜过肉。实际上，汤只含有少量的维生素、矿物质、脂肪及蛋白质分解后的氨基酸，其营养通常只有食材的 10% ～ 12%，而大量的蛋白质、脂肪、维生素和矿物质都存留在食材内，所以不能一味地迷信汤汁。在喝鱼汤、鸡汤、猪肉汤时，一定要连肉带汤一起吃，这样才能最大限度地吸收营养。

选择煲汤食材有哪些注意事项

俗话说，"肉吃现杀鱼吃跳"，但刚宰杀的动物的肉其实并不适合熬汤。鱼、畜、禽宰杀 3 ～ 5 小时后，各种酶会使肉中的一部分蛋白质、脂肪等分解为人体易于吸收的物质。这时的肉做出的汤味道更佳。此外，采购时还应注意，最好挑选异味小、血污少的肉类。

还有句俗话叫"药食同源"。严冬将至，很多人都会找来大枣、枸杞等食材，煲一锅滋补汤来犒劳一下自己和家人。不同的食材特点各不相同。煲汤之前，必须知晓食材的寒、凉、温、热等属性。另外，可根据个人身体状况选择汤料。例如：身体火气旺盛的人，可选择绿豆、莲子等清火、滋润类的食材；身体湿气过重的人，应选择温补类食材。

二、
煲汤的锅具

瓦锅

瓦锅是由不易传热的石英、长石等材料混合成的陶土经过高温烧制而成的，其透气性、吸附性好，还具有传热均匀、散热缓慢等特点。煨制鲜汤时，瓦锅能均衡而持久地把外界热能传递给内部的原料。相对恒定的温度有利于食材中的营养物质渗透到汤中。这种渗透的时间维持得越长，鲜味成分溢出得越多，煨出的汤越鲜醇，做好的原料的质地越软烂。

电子瓦锅

电子瓦锅的工作原理是用维持在沸点以下的温度的汤把食材做熟，但因水分蒸发得少，所以烹熟的食材的味道总不及明火处理的。其优点是不需要顾虑汤汁滚沸后溢出或煮到水干。只要将食材与水混合，按下开关即可，若干小时之后就可以喝汤或粥，非常方便。

砂锅

砂锅一般由陶土和沙混合烧制而成，外涂一层釉子。其外表光滑，一般用于制作汤菜。可直接用中火、小火炖制，也可用蒸、隔水炖等方式烹饪食物。

不锈钢汤锅

此类锅外观光亮，便于刷洗、消毒，而且耐磨、质轻，坚固耐用，耐腐蚀，已成为现代家庭常用的炊具。

三、
煲汤的小窍门

煲汤"五忌" ···

　　煲汤时火不要过大，开锅后用小火慢慢地熬，加热时汤微滚即可。煲汤一般有"五忌"：一忌中途添加凉水，二忌早放盐，三忌过多地放入葱、姜、料酒等调料，四忌过早、过多地放入酱油，五忌汤汁大滚、大沸。

　　当然，这只是一般的原则。具体煲汤的时候该如何操作，要根据实际情况，灵活掌握。

煲汤加水"三要点" ···

　　开始煲汤时应加凉水。这样，肉类原料外层的蛋白质才不会马上凝固，里层的营养物质也可以充分地溶解到汤里。这样做出的汤的味道才鲜美。

　　加适量的水是煲好汤的一个关键点。研究发现，用不同比例的食材与水煲汤，做出的汤的色泽、香气、味道大不相同。其比例为 1 ：1.5 做出的汤最佳。这是因为水的加入量过小，食材不能完全被浸没，反而降低了汤中营养成分的浓度。但加水量过大，汤中的营养成分被稀释，味道也不好。

　　还需注意的是，煲汤时应一次加足凉水，忌中途再添加凉水。因为正加热的肉遇冷收缩，营养物质不易析出，汤就失去了应有的鲜香味。

本书所用调料量取工具 ·······································

　　本书部分调料用量是用下图这套量具作为计量标准的，量取时以一平量具为准。建议您在开始学下厨时，购买一套这样的量具。调味精准才会做出味道较好的菜肴。量具在超市和网店都可以购买到。

量杯	容积
1. 1/8 杯	约 30 毫升
2. 1/4 杯	约 60 毫升
3. 1/2 杯	125 毫升
4. 1 杯	250 毫升

量匙	容积
1. 1/4 小匙	1.25 毫升
2. 1/2 小匙	2.5 毫升
3. 1 小匙	5 毫升
4. 1/2 大匙	7.5 毫升
5. 1 大匙	15 毫升

Part 2

四季汤品应季喝

春季部分节气养生要点

[立春]

立春在每年2月3日~2月5日之间。这时我国大部分地区气温渐渐上升，气候变暖，冬眠动物开始活动。立春为春季的第一日，是冬寒向春暖转变的开始，要注意气候变化，以防气候乍变引起不适。从立春之日起，人体阳气开始升发，肝阳、肝火、肝风也随春季阳气的升发而上升，所以，立春后应注意调养肝脏，要保持情绪稳定，使肝气通畅。

[雨水]

雨水在每年2月18日~2月20日之间。这时我国大部分地区严寒已过，雨量逐渐增加，气温渐渐上升。春季以立春作为阳气升发的起点，到雨水则阳气旺盛，故应特别注意疏泄肝气。

[春分]

春分在每年3月20日~3月22日之间。此时节应适当保暖，使人体在活动后有微汗，使阳气外泄。春天是高血压病高发的季节，还容易引发眩晕、失眠等症状。

[清明]

清明在每年4月4日~4月6日之间。此时阴雨天气较多，易使人疲倦嗜睡。乍暖还寒的气候易使人受凉，引发呼吸道疾病，如扁桃体炎等。清明后，多种慢性疾病，如关节炎、哮喘等易复发。在一段时间内有上述慢性疾病的人群要忌食发物，以免旧病复发。

[谷雨]

谷雨在每年4月19日~4月21日之间。由于气温升高和雨量增多，人会在这段时间内感到更为困乏，要注意锻炼身体。谷雨也是种花、养草的好时机，种花、养草等活动能陶冶情操，使人精神焕发。

春季进补原则

春季肝旺之时，要少食酸性食物，否则会使肝气更旺，伤及脾胃。

中医认为"春以胃气为本"，故应改善消化、吸收功能。不管是食补还是药补，都应健脾健胃、补中益气，保证营养被充分吸收。

因为春季湿度比冬季大，所以进补时一方面应健脾以燥湿，另一方面应选择具有利湿、祛湿功效的食材或中药材。

食补与药补的补品都应较为平和，不能一味地使用辛辣、温热之品，以免在春季气温上升的情况下加重内热，伤及人体正气。

菠菜土豆牛骨汤 | 难度★★

原料 鲜牛骨 500 克，土豆 200 克，洋葱 25 克，菠菜 100 克，胡萝卜丁适量

调料 姜 3 片，料酒 1 大匙，盐 2 小匙，胡椒粉、香油各 1/2 小匙

制作心得
◎选用的牛骨要多带一些肉。
◎要将牛骨上的肉煨烂后才可加入土豆片煮制。

步骤

1 鲜牛骨砍成大块，洗净、汆烫，再用清水洗净表面污沫。

2 菠菜择洗干净，焯烫后捞出，过凉水，挤干水，切成 5 厘米长的段。

3 洋葱剥皮，切丝。土豆洗净去皮，切厚片。

4 牛骨块放入砂锅内，倒入适量清水，加入料酒和姜片，用大火煮沸，转微火煨 3 小时。

5 加入土豆片和洋葱丝，继续煨 15 分钟。

6 放入菠菜段，调入盐和胡椒粉略煮，淋香油，撒胡萝卜丁即成。

奶汤蒲菜

| 难度★★

原料 嫩蒲菜 200 克，清水笋尖、水发香菇各 30 克，金华火腿 15 克

调料 奶汤 3 杯，葱油 2 大匙，葱椒酒 2 小匙，葱花、姜汁、盐、香菜末各 1 小匙

制作心得
◎葱椒酒的制法是将葱白和花椒剁成泥，用纱布包起来，放入料酒中浸泡 2 小时，过滤即成。葱椒酒用量不宜太大，否则不仅影响成品的汤色，而且影响其口味。

步骤

1 嫩蒲菜剥去老皮，取嫩心洗净，切成 3 厘米长的段。清水笋尖对半切开，再切薄片。

2 水发香菇剪去柄，斜刀切片。金华火腿上笼蒸熟，切成菱形薄片。

3 锅上火，倒入适量清水煮沸，放入笋片和香菇片，煮沸后加入嫩蒲菜段焯透，捞出，沥干。

4 锅中倒入葱油烧热，下入葱花炸香，加入葱椒酒和姜汁，倒入奶汤煮沸，撇净浮沫，放入焯烫后的蒲菜段、香菇片和笋片。

5 煮沸后加入盐、香菜末调味，下入火腿片略煮，盛入汤碗内即成。

枸杞鸡肝汤 | 难度★★

原料 鸡肝 100 克，银耳 15 克，茉莉花 25 朵，枸杞适量

调料 清汤、盐、味精、淀粉、料酒、姜片、香菜叶各适量

步骤

1 鸡肝洗净，切片，放碗中，加淀粉、料酒及少许盐拌匀。

2 银耳用清水泡发，去掉硬的部分，洗净，撕成小片。

3 茉莉花用清水稍泡，洗净。枸杞洗净。

4 清汤倒入锅内，加姜片、盐、银耳、枸杞、鸡肝片，烧沸后撇去浮沫。

5 待鸡肝片煮熟后捞出，盛入碗内，放入味精搅匀，撒入茉莉花、香菜叶即可。

群菇炖小鸡 | 难度★★

原料 小鸡1只，蟹味菇、鸡腿菇、口蘑各适量

调料 盐、鸡粉、白糖、料酒、香葱末、葱段、蒜瓣、清汤各适量

步骤

1. 小鸡处理干净后洗净。准备好其他的材料。
2. 各种菇焯水后控干。锅中加清汤、小鸡、焯水的各种菇、葱段和蒜瓣，中火烧开后转小火炖至鸡肉熟烂，拣去葱段、蒜瓣。
3. 加盐、鸡粉、白糖、料酒调味，撒入香葱末即可。

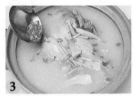

花生红枣鲫鱼汤

| 难度★

原料 红枣20克，花生米150克，鲫鱼2条

调料 姜片、葱段、料酒、香葱碎各适量

步骤

1. 花生米、红枣均洗净，控干水备用。鲫鱼去鳞、鳃及内脏，洗净备用。
2. 锅置火上，放入花生米，加水煮熟。
3. 放入鲫鱼、红枣、姜片、葱段、料酒共煮，待鱼熟后出锅，撒香葱碎即成。

步骤

1

将肥嫩母鸡宰杀氽烫，洗净血污。

2

水发口蘑和香菇均洗净泥沙，去根切片。豌豆苗择洗干净，捞出，沥干。

3

净砂锅上火，放入母鸡、口蘑片和香菇片，倒入适量凉水，加入料酒和姜片，大火煮沸后撇净浮油，转小火炖2小时。

4

加入盐调味，撒豌豆苗稍煮，撒胡萝卜丁即成。

口蘑肥鸡汤 | 难度★★

原料 水发口蘑 100 克，水发香菇 5 朵，豌豆苗 25 克，肥嫩母鸡 1 只，胡萝卜丁适量

调料 姜 2 片，料酒 1 大匙，盐 1/2 小匙

制作心得
◎母鸡一定要进行氽烫处理，去血污，确保汤鲜味美。
◎鸡汤表面的浮油要撇净，否则食之腻口。

玉竹白果煲猪肚 | 难度★★

原料　玉竹 15 克，白果 20 克，猪肚 250 克，枸杞 5 克

调料　生姜片、葱段、清汤、盐、味精、白糖、胡椒粉、绍酒、香油、香菜叶各适量

1 玉竹、白果洗净。猪肚处理干净，切片。

2 锅内入水烧沸，投入猪肚片，中火煮至变硬，捞起，用流水冲至凉透。

3 瓦锅置火上，加入玉竹、白果、猪肚片、枸杞、生姜片、葱段，注入清汤、绍酒。

4 煲 50 分钟后调入盐、味精、白糖、胡椒粉，再煲 30 分钟，淋香油，撒上香菜叶即成。

夏季汤品

夏季节气养生要点

[立夏]

立夏是夏季的第一个节气,在每年5月5日～5月7日之间。此时我国大部分地区农作物生长旺盛,气候逐渐转热,但早晚一般还比较凉爽。初夏时应早睡早起,多沐浴阳光,注意疏泄肝气,否则会伤及心气,使人在秋冬季节易生疾病。

[小满]

小满在每年5月20日～5月22日之间。夏季万物生长旺盛,人体代谢活动也处于十分旺盛的时期,消耗的营养物质较多,应及时补充营养。时至小满,人的精神不易集中,应经常到户外活动,吸纳自然之气。

[芒种]

芒种在每年6月5日～6月7日之间。我国长江中下游地区将进入多雨的黄梅时期。在芒种后数日"入梅(也叫进梅,梅雨季节开始)",梅雨季节一般持续一个月。黄梅时节多雨,潮湿。因湿气伤脾胃,从而影响消化功能,故此时要注意保护脾胃,少食油腻食物。

[夏至]

夏至在每年6月21日或6月22日。夏至以后,太阳直射点逐渐南移,白昼开始缩短,但短期内气温仍会继续升高。夏至阳气旺盛,天气开始变得炎热,易引发诸如急性肠胃炎、中暑、日光性皮炎、痢疾等疾病,应注意预防。

[小暑]

小暑在每年7月6日～7月8日之间。"出梅(梅雨季节结束)"在小暑与大暑之间。进入小暑,人们可晚睡早起,适当活动,使体内阳气向外疏泄,符合夏季养生之道。然而,老人、儿童、体弱者应适当减少户外活动,避免中暑。

[大暑]

大暑在每年7月22日～7月24日之间。此时正值中伏前后,我国大部分地区进入一年中最热的时期。近年来,"空调病"的发病率逐渐升高,这与天气炎热时将空调的温度调得过低有关,建议将室内温度控制在27℃左右。

夏季进补原则

饮食宜清淡可口,避免用黏腻、难以消化的食材或药材。

重视健脾养胃,增强消化、吸收功能。

宜清心,消暑解毒,避免暑邪。

宜清热利湿,生津止渴。

什果汤圆羹

| 难度★

原料 黄杏 3 个，李子 2 个，桑葚 10 粒，小汤圆 100 克，西瓜瓤 150 克

调料 白糖、水淀粉各 2 大匙，薄荷叶少许

制作心得
◎ 小汤圆不宜久煮，以免破裂漏馅。
◎ 成品放入冰箱冰镇后食用，更加清凉爽口。

步骤

1
西瓜瓤去籽，用工具挖成小圆球。

2
黄杏和李子均洗净，去皮，去核，切成小方丁。

3
桑葚用水洗净，沥干水。

4
锅置于火上，倒入 2 杯清水煮沸，下入小汤圆煮熟。

5
加入西瓜球、黄杏丁、李子丁和白糖煮沸，用水淀粉勾成浓芡。

6
加入桑葚稍煮，出锅盛入汤碗内，用薄荷叶装饰即成。

樱桃蚕豆羹

| 难度★★★

原料 鲜樱桃 100 克，鲜蚕豆 200 克

调料 冰糖 2 大匙，水淀粉 1 大匙，
色拉油 2 小匙

制作心得
◎炒蚕豆泥时火不宜大，要边炒边转动锅，以免炒糊。
◎要掌握好水淀粉的用量，以舀起汤汁能挂在勺壁上为佳。

步骤

1
将鲜蚕豆入锅煮烂，去外壳，用刀压制成泥。

2
将大部分鲜樱桃洗净，去核。留少许完整樱桃。冰糖用开水化开。

3
坐锅点火，倒入色拉油烧热，下入蚕豆泥，用微火翻炒至起沙。

4
倒入冰糖水和适量开水，加入去核的樱桃，煮沸后继续煮片刻。

5
用水淀粉勾成玻璃芡。

6
出锅装入汤盆内，用完整的樱桃装饰即成。

竹笋瓜皮鲤鱼汤 | 难度★★

原料 鲤鱼1条（重约750克），鲜竹笋、西瓜皮各500克，眉豆60克，红枣5颗

调料 生姜、盐、植物油、葱花各适量

步骤

1

鲜竹笋削去硬壳、老皮，横切片，入水浸1天。西瓜皮去外皮，切成小片。

2

红枣洗净，去核。

3

鲤鱼去鳃、内脏、鳞，洗净，切大块。

4

将鲤鱼放入热油中略煎，盛出控油备用。

5

眉豆洗净，与西瓜皮片、生姜、红枣、鲤鱼、竹笋片一同放入开水锅内。

6

大火煮沸后转小火煮30分钟，加盐调味，撒葱花即成。

薏米冬瓜肉片汤 | 难度★★

原料 薏米 50 克，冬瓜 250 克，猪瘦肉 150 克

调料 姜 3 片，陈皮 5 克，料酒、盐各 1 小匙，水淀粉、色拉油各 2 小匙

制作心得

◎猪瘦肉要顶刀切成厚薄均匀的片。

◎薏米质硬，应先煮烂后再放入其他原料煮制。

步骤

1 冬瓜去皮，去瓤，切成长方形厚片。

2 薏米和陈皮用水浸泡，洗净。

3 猪瘦肉洗净，切成薄片，加入水淀粉、料酒和色拉油拌匀，腌制 10 分钟。

4 砂锅内倒入适量清水，放入姜片、陈皮和薏米，大火煮沸后改小火继续煮半小时。

5 加入冬瓜片和猪肉片煮软。

6 调入盐，盛入碗内食用即成。

绿豆淡菜煨排骨 | 难度★★

原料 猪肋排 500 克，绿豆 100 克，干淡菜肉 30 克

调料 姜片 10 克，葱结 5 克，料酒 2/3 大匙，盐 1 小匙，胡椒粉 1/3 小匙，红椒碎适量

制作心得
◎猪肋排要洗净血污，汤汁才清澈透亮。
◎此菜采用煨的方法，一定要用微火长时间加热。

1 猪肋排洗净，剁成 5 厘米长的段，用清水泡至发白，换清水洗两遍，捞出沥干。

2 绿豆洗净。干淡菜肉用温水泡发好，洗净。

3 将猪肋排、绿豆、淡菜肉、姜片和葱结放入瓦罐内，加入纯净水，调入盐、胡椒粉和料酒。

4 盖上盖子，用微火煨 2 小时，撒红椒碎，盛出放入碗中即成。

大碗冬瓜

│难度★★

原料 冬瓜 400 克，猪五花肉 50 克，蒜苗 1 棵

调料 小米辣椒 15 克，蒜末 1/2 小匙，姜末、料酒、老抽、盐各 1 小匙，鲜汤 1/2 杯，色拉油 1 大匙

制作心得
◎猪五花肉要炒至酥香。
◎老抽起调色作用，不宜多用。

步骤

1 将冬瓜削皮去瓤，切成长 8 厘米、宽 3 厘米、厚 0.4 厘米的长方片。猪五花肉剁成碎末。

2 小米辣椒去蒂，切小节。蒜苗择洗干净，斜刀切成节。

3 锅内加入水烧开，放入冬瓜片焯至断生，捞出控水。

锅重置火上，倒入剩余色拉油烧至六成热，下入蒜末、小米辣椒节、蒜苗节炒香，再下入熟肉末和冬瓜片翻炒，倒入鲜汤，加入盐和剩余老抽炖煮至入味，盛出即成。

4 坐锅点火，倒入 1 小匙色拉油烧至六成热，放入猪五花肉末，边炒边加姜末、料酒和少许老抽，炒酥后盛出，备用。

玉米炖鸡腿

| 难度★★

原料 鸡腿2只，嫩玉米棒1根，水发香菇100克，枸杞适量

调料 葱段、姜片各5克，盐1小匙，胡椒粉1/2小匙，水淀粉1大匙，色拉油3大匙，小香葱2根

步骤

1
鸡腿剁成2厘米见方的块，用清水洗去血污。

2
嫩玉米棒顶刀切成1厘米厚的块。水发香菇剪去柄，切块。小香葱洗净，切碎。

3
净锅上火，加入清水用大火煮沸，放入嫩玉米块和香菇块汆透备用。

4
放入鸡块汆透，捞出，用清水漂洗，去净污沫备用。

5
坐锅点火，倒入色拉油烧热，放入葱段、姜片炸香，再放入鸡块、香菇块和嫩玉米块炒透，加入适量清水，用小火炖20分钟。

6
拣出葱段、姜片，加入水淀粉，加入盐、胡椒粉和枸杞略炖。

7
出锅盛在盛器内，撒上香葱碎即成。

制作心得

◎所用原料均需用沸水汆透，去净污沫，以确保汤品色泽美观。

◎要掌握好汤汁和水淀粉的用量，以做出的成品汤汁略有黏性为宜。

薏米炖鸡 | 难度★★

原料　净鸡1只，干香菇适量，薏米、白菜各50克，天门冬7克

调料　盐适量

步骤

1 薏米、天门冬分别浸泡一夜，洗净。

2 干香菇泡发好，洗净，去柄。

3 白菜洗净，切片。

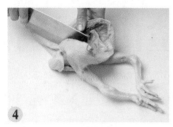

4 鸡洗净，从鸡背剖开。

5 将鸡放入沸水中氽一下，取出，冲净。

6 鸡放入锅中，加入适量沸水，炖1小时。

7 锅中放入香菇、薏米及天门冬，再炖约30分钟。

8 放入白菜片，加盐调味，再稍炖即成。

制作心得　◎夏季天气炎热，薏米可起到消暑、清补和健体的作用。

芙蓉银耳 | 难度★★

原料 银耳 20 克，蛋清 1 个，枸杞 3 克

调料 盐、味精、胡椒粉、水淀粉各适量

步骤

1. 银耳泡发，择洗干净。蛋清加入清水、盐搅匀，入蒸锅蒸熟。
2. 锅内放适量清水烧开，放入银耳，烹入盐、味精、胡椒粉调味。
3. 烧开后用水淀粉勾芡，淋在蒸熟的蛋清上，放上枸杞即可。

山楂山药汤 | 难度★

原料 鲜山楂 120 克，山药 250 克

调料 水淀粉 30 克，鲜汤、盐、香油各适量

步骤

1. 山楂去核，洗净，切成薄片。
2. 山药去皮，洗净，对剖开，斜切成薄片。
3. 锅内倒入鲜汤，放入山药片、山楂片烧沸，撇去浮沫。
4. 加入香油、盐调味，用水淀粉勾薄芡即成。

秋季汤品

秋季节气养生要点

[立秋]

立秋在每年 8 月 7 日～8 月 9 日之间。我国习惯将立秋作为秋季的开始。立秋后阳气转衰，阴气日上，自然界开始由生长向收藏转变，故养生原则应转向敛神、降气、润燥，饮食增酸减辛，已助肝气。

[处暑]

处暑在每年 8 月 22 日～8 月 24 日之间。此时，我国大部分地区气温逐渐下降，雨量减少，大气湿度也相对降低，使人有秋高气爽之感。但此时燥气也开始生成，人们会感到皮肤、口鼻相对干燥，故应注意秋燥，采取预防措施，多吃甘寒汁多的食物，如各种新鲜水果，或饮用麦冬、芦根泡制的饮品等。即使有时天气还偏炎热，也不宜多食冷饮，以保护脾胃。

[白露]

白露在每年 9 月 7 日～9 月 9 日之间。我国大部分地区气候转凉，更加干燥，容易引发干咳少痰、皮肤干燥、便秘等症状。秋天还是风湿病、高血压病容易复发的季节，所以要注意保暖，夜晚可盖薄被，以免引发旧疾，或患新恙。晨起外出宜保暖，勿空腹，但也勿食过饱。

[秋分]

秋分在每年 9 月 22 日～9 月 24 日之间。秋风送爽，这是人们感觉最舒适的一段时间，故在此时应多进行户外活动。秋分时节宜动静结合，调心肺功能，这些措施对身心健康大有裨益。

[寒露]

寒露在每年 10 月 8 日或 10 月 9 日。由于天气渐渐寒冷，人体血管开始收缩，因此应注意预防冠心病、高血压、心肌炎等症复发。小儿、老人尤其要注意免受风寒，但要适当"秋冻"。这种保养方法使人体皮肤毛孔处于关闭状态，抗寒能力大大增强，对体弱者预防感冒极为有益。

[霜降]

霜降在每年 10 月 23 日或 10 月 24 日。此时阴气更甚于前。切忌受寒，晨起宜略晚，以避寒气。应注意饮食起居，避免饮食过饱及生冷食物。时值霜降，人体脾气已衰，肺金当旺，饮食以减少味辛食物，适当增加酸、甘食物为宜。

秋季进补原则

秋季进补的原则为滋阴润燥、养肺。选择具有润肺生津、养阴清燥功效的瓜果、蔬菜、豆制品及食用菌类。

注意食物的多样化和营养的均衡。

宜多吃耐嚼、富含膳食纤维的食物。

多食粗粮，如红薯等，预防便秘。

香菜鸡肉羹 | 难度★★

原料　熟鸡肉 150 克

调料　香菜 50 克，生姜 5 克，盐 1 小匙，水淀粉 2 大匙，香油 1/3 小匙

制作心得

◎煮好的熟鸡肉应用温水洗两遍，以去净表面的污沫。

◎水淀粉要适量，过多则汁稠、易结块；过少则汤汁太稀，达不到成菜想要的效果。

步骤

1

熟鸡肉用手撕成细丝。

2

生姜和香菜分别洗净，捞出，沥干，切成碎末。

3

坐锅点火，放入清水和姜末烧沸，下入鸡肉丝，加入盐调成咸鲜味，用水淀粉勾玻璃芡。

4

撒香菜末，淋香油，拌匀即成。

1

白豆腐干片成薄片，切成细丝。
水发木耳择洗干净，切成丝。
嫩菠菜洗净，切段。

2

鸡蛋打入碗内，用筷子搅匀。

3

净锅上大火，放入鲜汤和姜丝，
略滚片刻，放入白豆腐干丝、
木耳丝和嫩菠菜段煮一会儿，
加入盐、醋和胡椒粉调成酸
辣味。

4

勾水淀粉，淋入鸡蛋液搅匀，
撒葱丝，淋香油，撒红椒圈即成。

酸辣鸡蛋汤 | 难度★

原料 鸡蛋1个，白豆腐干1片，水发木耳25克，嫩菠菜1根

调料 姜丝、盐各2/3小匙，香油、胡椒粉各1/2小匙，醋、水
淀粉各1大匙，鲜汤2杯，葱丝、红椒圈各适量

制作心得
◎要选用原味白豆腐干，且用沸水汆透，以去除豆腥味。
◎勾芡不宜过浓，以薄芡为佳。

柚子炖鸡汤

| 难度★★★

原料 净公鸡肉 300 克，柚子肉 50 克，枸杞适量

调料 姜片 30 克，盐 1 大匙，薄荷叶、清汤、色拉油各适量

制作心得
◎净公鸡肉表面的水一定要晾干，否则炒制时易煳锅底。
◎柚子肉不宜过早加入汤中，最好在鸡块快熟时加入，这样做出的成品的清香味才浓。

步骤

1 净公鸡肉晾干水，剁成 2 厘米见方的块。

2 柚子肉去皮，去籽，剥成小块。

3 坐锅点火，倒入色拉油烧至六成热，下入姜片爆香，投入鸡块爆炒至出油。

4 倒入清汤煮沸，撇净浮沫。

5 将鸡块连汤倒入瓦罐，盖上锅盖以小火慢炖至八成熟。

6 调入盐，放入柚子肉，继续炖至鸡肉软烂，盛出，用薄荷叶和枸杞装饰即可。

什锦鸭羹

│ 难度★★★

原料 鸭肉100克，海参、鱼肚各50克，火腿、
香菇、笋、青豆、口蘑各20克

调料 盐、水淀粉、清汤、白糖、胡椒粉各适量

步骤

1. 除青豆外的其他原料全部切成末，汆水后洗净。
青豆焯水后洗净。
2. 锅内加清汤烧开，放入处理好的原料，加盐、
白糖、胡椒粉调味，用水淀粉勾芡，盛在盛器
内即可。

笋烩烤鸭丝

│ 难度★★★

原料 熟烤鸭肉200克，猪里脊肉100克，笋丝、
油菜各30克

调料 花生油、盐、料酒、蛋清、水淀粉、葱段、
香油、清汤各适量

步骤

1. 熟烤鸭肉切丝，备用。猪里脊肉切丝，加水淀
粉、蛋清上浆。
2. 用五成热油将里脊肉丝滑熟，倒出。笋丝、油
菜焯水备用。
3. 起油锅烧热，放入葱段炸至呈金黄色，捞出弃
去。放入鸭肉丝、里脊肉丝，加清汤、盐、料
酒调味，放入笋丝、油菜稍煮，勾芡，淋香油，
盛在汤盘中即可。

土豆鸭肉煲

┃ 难度★★★

原料 净肥鸭 500 克，土豆 300 克

调料 生姜 5 片，大蒜 5 瓣，料酒 1 大匙,酱油 2 小匙,盐 1 小匙,胡椒粉 1/3 小匙,色拉油 1/2 杯,红椒圈、葱花各适量

制作心得
◎不要选用太肥的鸭肉。
◎用足量的热底油把鸭块炒透，再加汤炖制，做出的鸭肉的味道才香醇。

步骤

1 净肥鸭剁成 2 厘米见方的块，放入加有料酒的沸水锅内汆烫一下，捞出洗去污沫后沥干。

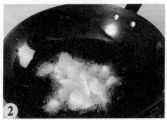

2 土豆洗净，去皮，切成滚刀块，下入烧至六成热的色拉油（色拉油留取 2 大匙备用）锅内炸黄，捞出，沥干油。

3 坐锅点火，加入 2 大匙色拉油烧热，下入姜片和蒜瓣炸香，放入鸭块炒至露骨，倒入 3 杯开水，煮沸后撇去浮沫，用小火炖至鸭肉熟透。

4 将炒锅内的所有材料倒入砂锅内，加入土豆块，调入酱油、盐和胡椒粉。

5 盖上锅盖焖 15 分钟，撒红椒圈和葱花即成。

川贝梨煮猪肺

| 难度★★★

原料 梨2个，猪肺1个，川贝母10克

调料 冰糖适量

步骤

1. 将川贝母研成细末。
2. 猪肺处理好，洗净，切小块。
3. 梨削皮，去核，切小块。
4. 将川贝母末、梨块、猪肺块同煮成汤，加适量冰糖调味即可。

笋片菜心炖麻鸭

| 难度★★★

原料 麻鸭1只，菜心、笋、火腿各30克，瘦肉50克

调料 盐、白糖、胡椒粉、料酒、葱片、姜片、花椒各适量

步骤

1. 麻鸭处理干净，汆水后洗净。笋、火腿、瘦肉分别切片。菜心焯水待用。
2. 砂锅中加水，放入鸭、笋片、火腿片、瘦肉片、葱片、姜片、料酒，烧开后慢火炖2.5小时。
3. 拣出葱片、姜片，加入菜心，加盐、白糖、胡椒粉、花椒调味，烧开后打去浮沫即可。

牡蛎鸡蛋汤 | 难度★★★

原料 牡蛎肉、蘑菇各 200 克，鸡蛋 1 个，紫菜 50 克

调料 香油、盐、姜片各少许

步骤

1 蘑菇洗净，撕成片。

2 鸡蛋磕入碗中，打散。

3 牡蛎肉洗净，备用。

4 锅中加适量清水烧沸，倒入蘑菇片、姜片煮 20 分钟。

5 加入牡蛎肉、紫菜煮熟。

6 淋入鸡蛋液，加香油、盐调味即成。

淮山药兔肉补虚汤 | 难度★★★

原料 兔肉 200 克，淮山药 30 克，党参、枸杞各 15 克，大枣 6 颗

调料 葱花、姜片、葱段、植物油、盐、料酒、味精各适量

步骤

1 兔肉切块，用沸水洗净。淮山药切小块。兔肉块与淮山药块、党参、枸杞、大枣一同放入锅内，加适量水。

2 小火炖煮 1 小时后捞出兔肉块，控干水。捞出淮山药块待用。留取带有党参、枸杞、大枣的汤备用。

3 锅内加入植物油，大火烧至七成热，爆香姜片，放入兔肉块略炒。加入料酒、盐，倒入炖煮兔肉的汤汁煮开。

4 烧开后放入葱段，待再次煮开后拣去葱段、姜片，放入淮山药块，加入味精，出锅装盘后撒上葱花即可。

银杏炖鸭条

| 难度★★★

原料 鸭肉（切条）200 克，银杏果 30 克，枸杞 10 克

调料 盐、清汤、料酒、葱片、姜片、花椒各适量

步骤

1. 鸭肉条加葱片、姜片、料酒、盐、花椒腌 15 分钟，放入锅中，加水，开火略煮后取出备用。
2. 炖盅内加入银杏果、枸杞、煮熟的鸭肉条、清汤、盐、葱片、姜片，开大火炖 15 分钟至鸭肉条熟透且入味后取出，去掉葱片和姜片即可。

竹笋香菇汤

| 难度★★★

原料 干香菇 25 克，竹笋 15 克，金针菇 110 克，枸杞 1 粒

调料 姜 5 克，清汤 300 克，盐、香菜叶各少许

步骤

1. 将干香菇用清水泡发，切去根部，切成丝。姜、竹笋分别切丝。金针菇洗净，切去根部。
2. 竹笋丝、姜丝放入锅中，加适量清水煮 15 分钟。
3. 锅中放入香菇丝、金针菇煮 5 分钟，放盐调味，盛入汤碗后用香菜叶和枸杞装饰即可。

银耳梨片汤 | 难度★★★

原料 梨1个，银耳1朵

调料 冰糖适量

步骤

1. 梨洗净，去皮、核，切成大片。
2. 银耳用水泡发，洗净，撕成块。
3. 锅置火上，加入适量水，放入梨片和银耳块，加冰糖烧开。撇去浮沫，转小火熬10分钟，起锅盛入汤碗中即可。

烩黄梨羹 | 难度★★★

原料 黄梨1个，山楂糕100克

调料 白糖、水淀粉各适量

步骤

1. 黄梨去皮、核，切成小块，待用。
2. 山楂糕切小丁，待用。
3. 锅置火上，加入适量水，放入白糖，煮至糖化水开时撇去浮沫。放入黄梨块继续煮至透明，用水淀粉勾芡。起锅盛在汤碗内，撒上山楂糕丁即可。

冬季汤品

冬季节气养生要点

[立冬]

立冬在每年11月7日或8日。我国把立冬这天作为冬季的开始。立冬后，黄河中下游地区开始结冰，万物收藏，人们要特别注意防寒保暖。

[小雪]

小雪在每年11月22日或23日。小雪之后天气逐渐寒冷，人易患呼吸道疾病，如上呼吸道感染、支气管炎、肺炎等。特别是小儿，很容易感冒和患支气管炎。这个时节应慢慢增加保暖衣物，不要一下子穿得太厚。穿衣原则是以不出汗为宜，避免毛孔大开后寒气侵入身体。此外这个时节要适当减少户外活动，注意保暖。

[大雪]

大雪在每年12月6日～12月8日之间。这个时节，人应早睡晚起，保持沉静、愉悦的心情。身体方面要避免受寒，保持温暖。室温以16～20℃为宜，湿度以30%～40%为宜。

[冬至]

冬至在每年12月21日～12月23日之间。冬至是一年中白昼最短、夜晚最长的一天，也是一年中最寒冷时期的开始，要注意防冻保暖。人体许多宿疾易在这一时期发作，如呼吸系统疾病、泌尿系统疾病等。

[小寒]

小寒在每年的1月5日～1月7日之间，此时要注意防寒保暖，减少户外活动。建议人们应早睡晚起，使身体与"冬藏"之气相应，但仍要积极参加健身活动，保持适度的运动。

[大寒]

大寒是冬季的最后一个节气，也是一年中最后一个节气，在每年1月20日或21日。大寒正值三九，此时气温很低，应注意防寒保暖，防止冻疮，适当运动促进四肢血液循环。

冬季进补原则

冬季进补应以补肾健身为主，培本固元，增强体质。

冬季滋补还要注意控制每次的进补量，避免倒胃口，影响正常的饮食。

冬季还是老年人容易复发旧病的季节，若恰逢旧病发作或发烧等，应暂停进补，待病情稳定后再结合身体的实际状况进补。

排骨莲藕汤

| 难度★★★

原料 排骨 450 克,嫩藕 300 克

调料 香菜段 10 克,姜 5 片,料酒 1 大匙,盐 1 小匙,胡椒粉 1/2 小匙

制作心得

◎莲藕分为红花藕、白花藕和麻花藕三种。红花藕形状瘦长,外皮呈褐黄色,含淀粉多、水分少,糯而不脆,适合煲汤。采买莲藕时以两端藕节完整的为佳。

◎炖汤时不宜用铁锅,否则汤色会变黑。

步骤

1 排骨洗净,剔去筋膜,剁成小块。

2 锅内加入清水煮沸,放入排骨快速氽烫后捞出。

3 嫩藕洗净,去皮,切成滚刀块。

4 排骨块和姜片放入砂锅内,加入适量清水,小火炖至八成熟。

5 加入藕块、料酒和盐,继续炖至熟透、入味,调入胡椒粉。

6 起锅后撒香菜段即成。

"三羊"开泰

| 难度★★★

原料 羊肉、羊血、羊肠各150克

调料 火锅料、辣椒油、盐、味精、香菜叶、鲜红辣椒段、白糖、清汤、花生油各适量

步骤

1. 羊肉、羊血、羊肠余熟后切成大小相近的片和块，备用。
2. 锅内加入花生油烧热，加入火锅料炒香。添加少许清汤，放入羊肉片、羊血块、羊肠块，调入盐、味精、白糖，炖至入味。
3. 出锅盛入汤碗后淋入辣椒油，点缀香菜叶和鲜红辣椒段即可。

鱼羊鲜 | 难度★★★

原料 羊肉200克，鱼肉350克

调料 葱片、姜片、胡椒粉各5克，鸡粉3克，高汤500克，熟猪油30克，香葱末少许，盐适量

步骤

1. 鱼肉、羊肉洗净后切大片，加盐腌制入味。
2. 炒锅中加入熟猪油烧热，放入葱片、姜片煸香。
3. 炒锅中加入高汤烧沸，放入羊肉片、鱼肉片煮5分钟。
4. 放入盐、鸡粉、胡椒粉调味，撒香葱末，出锅即可。

葱香土豆羊肉煲 | 难度★★★

原料 羊腿肉200克，土豆100克，胡萝卜碎适量

调料 葱段50克，姜5片，香菜段少许，料酒1大匙，酱油、孜然粉各1小匙，茴香粉2/3大匙，盐、香油各1/3小匙，色拉油适量

制作心得
◎羊肉炖制前需用热油煸干。
◎葱白段炸后再炖，葱香味会更浓。

步骤

1
将羊腿肉切成小块，与凉水一起入锅，中火煮沸后转小火继续煮3分钟。待煮好后，捞出，撇去浮沫，沥干水。

2
土豆洗净，去皮，切成滚刀块。放入烧至六成热的色拉油锅内炸至呈金黄色，捞出，沥干油。

3
锅内倒入2大匙色拉油烧热，放入姜片煸香。放入羊肉块煸炒，烹入料酒，倒入4杯开水略煮。放入酱油、盐、孜然粉和茴香粉调味，用大火烧开。

4
将锅内的食材连同汤一起倒入高压锅内，上火烧制20分钟。待羊肉软烂后关火。

5
锅内倒入色拉油烧至七成热，放入葱白段炸至上色，沥干油。炸好的葱段放入砂锅，再将高压锅内的食材连同汤汁一起盛入砂锅内。

6
淋入香油，撒香菜段和胡萝卜碎，盖上锅盖再煲制5分钟即成。

汽锅鸡 | 难度★★★

原料　肥鸡1只，香菇、冬笋、火腿各适量

调料　盐、料酒、白糖、胡椒粉、葱段、姜块各适量

步骤

1. 肥鸡剁成块，洗净待用。香菇、冬笋、火腿切成块。
2. 汽锅中放入鸡块、香菇块、冬笋块、火腿块、葱段、姜块，加盐、料酒、白糖调味，中火煮30分钟至鸡块熟透，拣去葱段、姜段，撒胡椒粉即可。

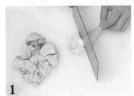

参芪鸡汤 | 难度★★★

原料　母鸡1只，黄芪15克，炮姜6克，党参、仙鹤草各适量

调料　香菜叶、盐各适量

步骤

1. 将母鸡宰杀，挖空内脏，洗净待用。
2. 将黄芪、炮姜、党参和仙鹤草一并塞入鸡腹内。
3. 将塞好的鸡放入砂锅中，加适量水，大火炖至鸡肉酥软，加少许盐调味即可出锅。盛出后加少许香菜叶装饰。

羊肉番茄汤
| 难度★★★

原料　熟羊肉 250 克，番茄 200 克

调料　盐、味精、香油、香葱末、羊肉汤各适量

步骤

1. 熟羊肉切成薄片。
2. 番茄洗净，去蒂，切成半月形的片。
3. 锅内加入羊肉汤，放入羊肉片、盐，开火稍煮。
4. 放入番茄片，烧开后撇去浮沫，加入味精、香油调味，装碗后撒入香葱末即可。

鲜人参炖鸡
| 难度★★★

原料　小鸡 1 只，鲜人参 2 根，枸杞 10 克

调料　盐、白糖、料酒、姜片、香菜末、上汤、花椒各适量

步骤

1. 小鸡从背部开刀，去除内脏，冲洗干净。
2. 锅中加上汤、鲜人参、小鸡、枸杞、姜片、花椒，中火烧开，转小火炖烂。
3. 拣去姜片、花椒，加盐、白糖、料酒调味，关火后撒香菜末即可上桌。

黄椒鱼头煲 | 难度★★★

原料 花鲢鱼头1个（约1000克），洋葱100克，粉条100克

调料 姜3片，葱3段，香葱末2小匙，姜末、蒜末各1小匙，黄灯笼辣椒酱、蒸鱼豉油各3大匙，料酒1大匙，盐1/2小匙，花生油2大匙，红椒碎适量

步骤

1 花鲢鱼头洗净，剁成大块放入盛器内，加入姜片、料酒、葱段和盐拌匀，腌制10分钟。

2 将鱼头块放入沸水中汆透，捞出后用清水冲洗两遍，沥干水。

3 洋葱剥皮，切成丝，放入砂锅内垫底。再将泡发好的粉条放在洋葱丝上，摆上鱼头块。

4 淋上蒸鱼豉油。

5 锅内倒入花生油烧热，放入姜末和蒜末煸香，倒入黄灯笼辣椒酱炒香。

6 炒好的酱料浇在鱼头块上。

7 盖上砂锅盖，上火加热10分钟，煲至鱼头块熟透、入味。

8 离火上桌，撒上香葱末和红椒碎即成。

制作心得
◎汆烫后的鱼头一定要用清水冲洗干净黑膜和黏液。
◎煲制时火不宜太旺，以免鱼头还没熟，汤汁就烧干了。

啫啫滑鸡煲 | 难度★★★

原料　小公鸡1/2只（约500克），红葱头150克，青椒、红菜椒各1个

调料　A：白糖1/2小匙，植物油适量，黑胡椒粉1/4小匙，海鲜酱$1\frac{1}{2}$大匙，蒜8瓣，姜8片，豆豉5克，
　　　　　蚝油1大匙，香菜、白酒各少许
　　　　B：料酒1大匙，蛋清、盐、玉米淀粉各1/4小匙

步骤

1
小公鸡洗净，剁成小块。红葱头去皮，蒜瓣去皮。青椒、红菜椒去蒂、籽，切菱形块。

2
鸡块中加入调料B拌匀。豆豉剁碎。

3
将海鲜酱、蚝油、白糖、黑胡椒粉放入碗内，加2大匙清水调成味汁。

4
锅内放植物油烧热，放入鸡块滑炒至变色，盛出备用。

5
炒锅中留有少许底油，下豆豉碎煸香，倒入调好的味汁烧至起泡。

6
加入炒好的鸡块，翻炒至鸡块均匀地裹上酱汁。

7
砂锅内加植物油烧热，放入姜片、蒜瓣、青椒块、红菜椒块、红葱头，炒出香味。

8
倒入炒好的鸡块，盖上砂锅盖，沿锅边淋少许白酒，烧2分钟。关火开盖，撒上香菜点缀即可。

奶油猴头菇

| 难度★★★

原料 水发猴头菇 200 克，青菜心 50 克，鲜牛奶 1/3 杯

调料 盐 2/3 小匙，淀粉、水淀粉各 1 大匙，色拉油 2 大匙，红椒丁少许

制作心得 ◎猴头菇焯烫时必须用沸水，否则猴头菇表面的粉浆会脱入水中，变成糊状。

步骤

1 水发猴头菇挤干水，用刀切成厚片，加入淀粉和 1/3 小匙盐拌匀。

2 青菜心洗净，对半切开。

3 汤锅内倒入 1 杯清水和 1 大匙色拉油，开火煮沸后逐片下入猴头菇片焯透，捞出，沥干水。

4 另取一个锅，倒入剩余色拉油烧热，加入青菜心炒至变色，倒入鲜牛奶继续炖制。

5 加入剩余盐调好口味，放入猴头菇片烧至入味。待出锅时用水淀粉勾芡并搅匀，装盘后撒入红椒丁装饰即可。

红枣炖兔肉 | 难度★★

原料 兔肉 150 克，红枣 15 颗

调料 盐、胡椒粉各适量

步骤

1. 兔肉洗净，切块。
2. 红枣洗净备用。
3. 兔肉块与红枣一同放入砂锅内，隔水蒸熟。
4. 加盐、胡椒粉调味，装碗后用香菜叶装饰即可。

牛奶炖花生 | 难度★★★

原料 花生米 100 克，牛奶 1500 毫升，枸杞 20 克，银耳 10 克

调料 冰糖适量

步骤

1. 银耳用清水泡发，剪去黄色部分，撕成小朵。
2. 枸杞、花生米均洗净，控干。
3. 锅置火上，倒入牛奶，加入银耳小朵、枸杞、花生米、冰糖大火煮制。
4. 煮至花生米熟烂即成。

泰式土豆汤 | 难度★★★

原料 土豆 100 克，胡萝卜、长豆角各 75 克，洋葱 25 克，椰奶 1/4 杯

调料 咖喱粉 1 小匙，盐 3/5 小匙，花椒 1/5 小匙，色拉油 2 大匙，香葱末适量

制作心得

◎ 椰奶和咖喱粉是这道菜不可缺少的。

◎ 长豆角一定要焯熟。

◎ 椰奶要最后加入，若过早加入，会被咖喱粉的味道冲淡。如果喜欢奶味浓郁，则可多加些椰奶。

步骤

1

土豆和胡萝卜均洗净、去皮，切成薄片。洋葱切丝。长豆角放入沸水中焯熟，捞出，放入凉水中过凉，取出切段。

2

锅内倒入色拉油烧热，放入花椒炸香，捞出。锅中放入洋葱丝、土豆片和胡萝卜片炒香，加入咖喱粉略炒。

3

向锅中加入 2 杯开水，加入盐调味，放入长豆角段继续煮。

4

快出锅时再加入椰奶。装碗后再撒入香葱末即可。

香菇干贝汤 | 难度★★★

原料 香菇 50 克，干贝 20 克

调料 鲜汤、葱花、姜末、植物油、料酒、盐、香菜叶、香油各适量

步骤

1 将干贝剔去筋，洗净后放入碗内浸泡片刻。香菇洗净。

2 倒出浸泡干贝的水，换清水后放入可加热的盛器中，隔水蒸 20 分钟。

3 炒锅倒入植物油烧热，放入葱花、姜末煸香。

4 加入鲜汤、料酒。

5 放入干贝、香菇、盐，大火烧沸，再用小火炖约 10 分钟。

6 汤中淋上香油，装入汤碗，装饰香菜叶即成。

清汤鳝背 | 难度★★★

原料 鳝鱼肉 250 克，熟火腿 25 克，干香菇 3 朵

调料 白汤 500 克，葱段、姜片、盐、料酒、熟鸡油、葱丝、葱花、胡椒粉各适量

步骤

1 鳝鱼肉切条，入沸水中氽烫，捞出后用清水洗净黏膜。

2 熟火腿切片。干香菇泡发后切去根部，洗净，切片。

3 锅置火上，加入白汤、葱段、姜片。烧沸后放入鳝鱼条，加料酒，盖上锅盖煮 5 分钟。

4 煮好后撇去浮沫，拣去姜片、葱段。将鳝鱼条从锅中捞出放入盛器，原汤留用。盛器中放入熟火腿片和香菇片，撒上胡椒粉。

5 原汤中加盐调味，冲入盛器中。撒葱丝、葱花，淋熟鸡油即成。

Part 3

煲给全家人
喝的美味汤

儿童营养汤

儿童饮食原则

　　儿童饮食需要营养全面、均衡。不仅要保证摄入足量的营养物质，还要防止因能量摄入过量，从而导致肥胖。

　　儿童饮食应少食多餐，有条件的学校还应尝试给孩子课间加餐。

儿童进补禁忌

　　忌寒凉食物，要少吃冷饮，以免导致腹部不适，影响消化。

　　忌食过于辛辣、油腻、酸甜的食物，以免伤脾胃、牙齿。

　　忌食含过多食品添加剂的食物，以免影响身体发育。

鹌蛋猪血汤 | 难度★★★

原料　熟猪血 250 克，鹌鹑蛋 5 个

调料　姜、大葱、盐、白糖、胡椒粉、清汤各适量

步骤

1. 姜切片、大葱切葱花，熟猪血切块。
2. 猪血块放入锅内，加入姜片、葱花、清汤，用大火煮沸。
3. 将鹌鹑蛋磕入汤里略煮。
4. 加盐、白糖、胡椒粉调味，出锅装碗即可。

步骤

1

小葱洗净，切葱花。生姜洗净，去皮，切末。枸杞用热水泡软。

2

鸡蛋打入小碗内，注意不要搅打。

3

锅内倒入 2 杯清水烧至微沸，加入姜末，倒入小碗中的生鸡蛋煮制成荷包蛋。

4

鸡蛋快熟时加入盐和胡椒粉调味，撒入葱花和枸杞，淋入香油，出锅即成。

荷包蛋清汤 | 难度★★★

原料 鸡蛋1个，枸杞10克

调料 小葱5克，生姜3克，胡椒粉1小匙，盐1/5小匙，香油1/2小匙

制作心得 ◎将鸡蛋打入小碗内，再倒入沸水中，就可做出形状完美的荷包蛋了。

什锦汤 | 难度★★

原料 土豆 200 克，番茄、西蓝花各 1 个，胡萝卜 1 根，嫩玉米粒 2 大匙，洋葱 15 克

调料 黑胡椒碎 1/3 小匙，盐、白糖各 1 小匙，黄油 1 大匙

制作心得
◎胡萝卜和土豆切的块均不宜太大。
◎先用黄油将番茄丁炒出红油再煮汤，做出的成品色泽红艳，香味较浓。

步骤

1 土豆和胡萝卜均洗净，去皮，切成小块。

2 番茄洗净，去皮，切成小丁。西蓝花洗净，掰成小朵。洋葱切丝。

3 坐锅点火，将黄油加热至化开，下入洋葱丝爆香，倒入番茄丁和白糖炒成糊状，加入适量开水煮沸，加入土豆块和胡萝卜块煮熟。

4 加入嫩玉米粒和西蓝花煮 2 分钟，加入黑胡椒碎和盐调味，稍煮即成。

步骤

1

香菇放入沸水中焯透，切丁。芹菜切成小粒。

2

土豆去皮，洗净，切成片。将土豆片放入蒸锅内蒸熟。蒸熟的土豆片放入料理机内，加入1杯鲜汤，打成土豆糊后盛出待用。

3

汤锅加入剩余鲜汤煮沸，放入香菇丁和玉米粒煮熟。

4

此时倒入土豆糊和芹菜粒煮制，加入盐调味，淋香油即成。

蘑菇玉米土豆汤 | 难度★★★

原料 土豆150克，玉米粒、香菇各50克，芹菜25克

调料 盐2小匙，香油1/3小匙，鲜汤3杯

制作心得
◎蘑菇必须焯透，以去除酸涩的味道。
◎如果喜欢汤稀一点，可多加入鲜汤；反之，则少加鲜汤。

孕妇营养汤

孕妇饮食原则

孕早期，孕妇饮食首先应满足身体对叶酸的需求。富含叶酸的食物有动物肝、蛋类、豆类、酵母、绿叶蔬菜、水果及坚果。当然，除了食补，还要根据个人身体情况吃一些合成的叶酸，因为合成的叶酸稳定性好，生物利用率高。

此外，孕早期的饮食适宜选择清淡适口、容易消化的食物，提倡少食多餐，多摄入富含碳水化合物的谷、薯类食物。

孕中晚期，孕妇每天对于铁的摄入量应比孕前有所增加。由于动物血、肝脏和红肉中富含铁，并且铁的吸收率较高，因此建议孕中晚期的孕妇可以多食用含铁的食物。其次要增加碘的摄入量，多吃海带、紫菜、裙带菜、贝类或海鱼等。

孕中期孕妇每天还需要增加蛋白质、钙等的摄入，在平衡膳食的基础上多食用奶、鱼、禽、蛋、瘦肉，并注意控制体重，适当进行身体活动。

木瓜花生大枣汤

难度★★★

原料 木瓜 750 克，花生 150 克，大枣 5 颗

调料 白糖适量

步骤

1. 木瓜去皮、籽，洗净，切块。花生、大枣分别洗净，控干水。
2. 将木瓜、花生、大枣和适量清水放入煲内，再放入白糖大火加热，待煮开后改用小火煲 40 分钟即可。

牡蛎金针鸭汤 | 难度★★★

原料 鸭肉 500 克，牡蛎、干贝、金针菇各 40 克

调料 盐适量

步骤

1 牡蛎取肉，洗净。

2 金针菇切去根，洗净。

3 鸭肉洗净，切成 3 厘米长、2 厘米厚的块。

4 干贝去筋，洗净待用。

5 锅内加适量水，放入所有处理好的食材，用大火烧开。

6 转小火煮再 1 小时，加入盐调味。煮至入味即成。

糙米排骨汤

┃ 难度★★★

原料 排骨 500 克，糙米 100 克，大枣 6 颗，枸杞 5 克

调料 姜 3 片，盐 1 小匙，香菜叶少许

制作心得
◎氽烫过的排骨不宜用凉水漂洗，否则炖制时无法充分炖出鲜味。
◎糙米需要先用大火煮一段时间，这样能使其营养成分更易吸收。

步骤

1 糙米淘洗干净，放入清水中浸泡 3 小时。

2 排骨剁成 3 厘米长的段。大枣洗净，去核。

3 排骨段放入沸水氽透，捞出后用温水冲净表面污沫，沥干水。

4 锅内倒入清水煮沸，放入排骨段、糙米、大枣和姜片。

5 大火煮沸后撇净浮沫，继续煮20 分钟，再转小火煮 1 小时。

6 加入盐调味，关火。盛入碗中，点缀香菜叶和枸杞即成。

羊肉丸子萝卜汤 | 难度★★★

原料 羊肉 200 克，白萝卜 1 根，香菇 150 克，肥肉（切末）50 克，芹菜（切末）50 克，鸡蛋液、枸杞各适量

调料 葱姜汁、香菜叶、盐、味精、胡椒粉、高汤、香油、淀粉各适量

步骤

1
白萝卜去皮，洗净，切块。香菇洗净，切块，备用。

2
羊肉剔去筋，剁成细肉馅，放入小碗中。

3
将葱姜汁缓缓倒入装有羊肉的小碗中，顺时针搅打上劲。

4
再向小碗中加入鸡蛋液、肥肉末、芹菜末、盐、味精、胡椒粉、淀粉，搅拌均匀。

5
锅置火上，加入高汤。大火烧沸。将羊肉馅团成小丸子，放入锅中慢火氽熟。下入白萝卜块和香菇块，加入适量盐、味精、胡椒粉调味。

6
出锅时撒香菜叶、枸杞，淋上香油即成。

浓汤菌菇煨牛丸

| 难度★★

原料 牛肉 200 克，滑子菇、平菇 100 克，油菜心 50 克，火腿 20 克，蛋清 1 个

调料 浓汤、鸡汁、胡椒粉、生粉、生抽各适量

步骤

1. 将牛肉剁成馅，加生抽、蛋清搅打上劲。
2. 滑子菇、平菇、火腿分别切片。
3. 锅内加入浓汤烧开，将牛肉馅挤成大丸子，放入汤中汆熟。放入滑子菇片、平菇片、火腿片煨熟。加入油菜心稍烫，加鸡汁、胡椒粉调味，搅匀后用水淀粉勾芡即成。

桂圆鸡蛋汤

| 难度★★★

原料 桂圆 10 克，鸡蛋 1 个

调料 红糖适量

步骤

1. 桂圆洗净，去壳，取肉。
2. 将处理好的桂圆肉一半放入盛器中，加入适量温开水稍烫，另一半待盛器中的桂圆肉泡至泛白后再放入，并加入少许红糖。
3. 鸡蛋洗净外壳，将蛋液磕入盛器中。
4. 将盛器放入蒸锅内，蒸 10 ～ 20 分钟至荷包蛋熟透，用香菜叶点缀即可。

金针炖猪蹄

难度★★★

原料 猪蹄1只,水发黄花菜100克,油菜心6棵,枸杞少许

调料 姜3片,料酒2小匙,盐1小匙

制作心得
◎不要选用过白的猪蹄。
◎用牙签划开黄花菜,炖制时容易入味。

步骤

1 猪蹄去除猪毛,洗净,剁成块。

2 猪蹄块同凉水一起入锅,大火煮沸后转小火继续煮5分钟,捞出洗净,沥干。

3 油菜心对半撕开,洗净。水发黄花菜去根,每根都用牙签划几道。

4 砂锅倒入清水,放入猪蹄块、姜片和料酒。

5 用大火煮沸,撇净浮沫,转小火炖至熟透。砂锅中加入黄花菜,调入盐,继续炖至软烂。

6 放入油菜心稍炖,加入枸杞即可上桌。

黄豆芽蘑菇汤
| 难度★★

原料 黄豆芽、冬瓜各250克，平菇50克

调料 盐、葱丝各适量

步骤

1. 平菇洗净，切去根部，撕成条。
2. 冬瓜削去皮，挖去瓤，切成厚片。
3. 黄豆芽去根、豆皮，洗净，放入锅中，加水煮30分钟。
4. 放入平菇条、冬瓜片，放入盐、葱丝，再煮5分钟即可。

红白豆腐汤 | 难度★★

原料 豆腐150克，鸭血100克，豌豆苗50克

调料 姜、葱、盐、味精、胡椒粉、清汤、水淀粉、色拉油、酱油、醋各适量

步骤

1. 将鸭血、豆腐分别切成薄片，葱、姜均切末，豌豆苗择洗干净。
2. 锅置火上，加色拉油烧热，爆香葱末、姜末。
3. 锅内倒入清汤，放入盐、酱油、胡椒粉。
4. 开锅后立即下鸭血片和豆腐片，待锅里的汤再次煮沸时，用水淀粉勾薄芡，加豌豆苗、味精、醋，搅匀即可。

鲜奶口蘑

｜难度★★

原料 鲜口蘑250克,鲜牛奶1小袋,
水发木耳25克,枸杞1小匙

调料 香菜末1小匙,盐2/3小匙,
水淀粉1大匙,香油1/2小匙

制作心得
◎鲜口蘑务必用沸水焯透,
以去除草酸。
◎此菜无须加油,香油用
量也要少一些。

步骤

1 鲜口蘑择洗干净,切成片,放入沸水中焯透,捞出放入凉水中,沥干水。

2 水发木耳拣去杂质,用手撕成小块。枸杞用热水泡软。

3 净锅上火,放入鲜牛奶、口蘑片、木耳块和枸杞,加入盐调味,盖上锅盖。

4 煮沸后继续煮3分钟,用水淀粉勾芡。

5 搅匀后出锅装盘,撒香菜末,淋香油即成。

银耳蛋汤 | 难度★

原料 水发银耳、菠菜各100克，鸡蛋3个

调料 盐适量

步骤

1. 水发银耳择净，切成块。菠菜择洗净，切成段。
2. 将鸡蛋磕入碗中，搅打均匀。
3. 锅内倒入清水烧开，淋入鸡蛋液，煮开。
4. 放入菠菜段、盐，烧至入味，放银耳块，翻匀即成。

鸡丝鹌鹑蛋汤

| 难度★★

原料 鹌鹑蛋8个，熟鸡丝、黄瓜丝各适量

调料 盐、鸡精、鸡汤各适量

步骤

1. 将鹌鹑蛋煮熟，剥去蛋壳，放入大碗中待用。
2. 锅置火上，倒入鸡汤烧开，放入盐、鸡精调味。将调好味的鸡汤倒入装鹌鹑蛋的大碗中，混匀后装入汤碗中。
3. 撒上熟鸡丝、黄瓜丝即可。

丝瓜虾皮蛋汤 | 难度★★

原料 丝瓜 250 克，虾皮 50 克，鸡蛋 2 个

调料 清鸡汤、葱花、盐、植物油各适量

步骤

1 丝瓜刮去外皮，切成菱形片。

2 鸡蛋磕入碗中，加盐打匀。虾皮用温水泡软，待用。

3 净锅上火，放油烧热，倒入鸡蛋液，摊成两面金黄的鸡蛋饼。

4 将鸡蛋饼铲成小块，装入碗中待用。

5 锅中放油再烧热，下葱花炒香，放入丝瓜片炒至变软。

6 加入适量开水、清鸡汤，放入泡好的虾皮，烧沸后煮约 5 分钟。

7 放入蛋饼块再煮 3 分钟，加盐调味即可。

莲藕排骨汤

┃ 难度★★

原料 莲藕 250 克，排骨 200 克

调料 色拉油、盐、味精、葱段、姜片、酱油、八角、香油、葱花各适量

步骤

1

莲藕削去皮，洗净，切块。排骨洗净，剁成段。

2

将排骨段放入沸水锅中汆水，捞出控干水备用。

3

净锅置火上，倒入色拉油烧热，下入葱段、姜片、八角爆香。

4

放入排骨段煸炒。

5

倒入水，调入盐、味精、酱油。

6

煲至排骨八分熟时下入莲藕块。

7

小火炖煮至排骨段熟烂，淋入香油，撒上葱花即可。

花生木瓜排骨汤 |难度★★

原料 木瓜1个，花生仁80克，排骨150克

调料 盐适量

步骤

1. 木瓜去皮、籽，洗净，切粗块。
2. 花生仁洗净，控干水。
3. 排骨剁成段，洗净，用盐搓一遍。
4. 将木瓜块、花生仁和排骨段一同放入锅中，加适量水，煲至熟透即成。

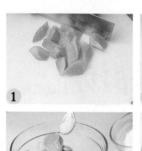

牛膝猪蹄煲 |难度★★

原料 猪蹄250克，牛膝15克，小油菜适量

调料 米酒20毫升，盐适量

步骤

1. 猪蹄处理好，洗净，控干水。牛膝洗净，控干水。小油菜洗净，焯一下，控干水。
2. 将猪蹄、牛膝一同放入煲中，加适量水，煲至猪蹄熟烂。
3. 趁热加入米酒、盐调味，放入小油菜即可。

产妇营养汤

产妇饮食原则

由于产妇分娩时有大量液体排出，且卧床时间较长，肠蠕动减弱，易便秘，因此产妇要多吃蔬菜及含粗纤维的食物。但如果产妇会阴部有裂伤时，要吃一周少渣、半流质食物。

产妇在坐月子期间要大量补给蛋白质。牛奶及奶制品、大豆及豆制品都是很好的蛋白质和钙的来源。

产妇进补宜忌

忌寒凉之物，宜食温热食物，以利气血恢复。

忌熏炸烧烤、辛燥伤阴食物，宜食汤粥。

忌酸涩收敛食物，如乌梅、柿子等。

忌辛辣发散食物，否则会加重产后气血虚弱症状。

什锦猪蹄汤 | 难度★★

原料 豆腐块 500 克，净猪蹄 1 只，胡萝卜 100 克，干香菇、娃娃菜各 50 克

调料 姜丝、盐各适量

步骤

1. 胡萝卜洗净，切成片。将净猪蹄从中间剁成两半，再顺关节切成小块。干香菇用水泡发，剪去香菇柄，洗净。娃娃菜洗净，切成段。
2. 将猪蹄块放入沸水锅中，氽一下，捞出。
3. 另起锅，加适量水，加入氽好水的猪蹄块，放入姜丝、盐，再加入香菇、娃娃菜段、胡萝卜片、豆腐块，炖至猪蹄块熟烂，离火即成。

鲍汁鱼肚蒸木瓜 | 难度★★

原料　木瓜1个，鱼肚适量

调料　鲍汁适量

步骤

1. 木瓜洗净，一切两半，挖去籽，上笼略蒸。
2. 鱼肚切小块，汆水。
3. 将鱼肚块放入蒸好的木瓜中，浇上鲍汁，再上笼蒸15分钟即可。

鲢鱼丝瓜汤 | 难度★

原料　鲢鱼1条，丝瓜300克

调料　盐、姜片各适量

步骤

1. 将鲢鱼处理干净，洗净，切段。
2. 丝瓜削去皮，洗净，切条。
3. 将鲢鱼段与丝瓜条一同放入锅中，加入姜片、盐。大火煮沸后改用小火慢炖，至鱼熟即可。

羊肉奶羹 | 难度★

原料 牛奶 250 毫升，羊肉 250 克，山药 100 克，枸杞适量

调料 生姜 20 克，香菜适量

步骤

1. 生姜洗净，切成片。山药洗净，削去皮，切成薄片。羊肉洗净，切成小块。
2. 将羊肉块、姜片放入砂锅中，加适量水，小火炖 1.5 小时。
3. 放入山药片煮烂，再倒入牛奶烧开，用枸杞、香菜点缀即可。

黄芪牛肉 | 难度★★

原料 牛肉 200 克，黄芪 20 克，白萝卜 300 克，枸杞适量

调料 葱段、姜片、盐、香油各适量

步骤

1. 白萝卜洗净，去皮，切块。牛肉洗净，切块，放入沸水锅中汆去血水，捞出，控干水。
2. 将牛肉块、黄芪、葱段、姜片放入锅中，加入水，以中火煮制。
3. 待牛肉块七分熟时再放入白萝卜块，加少许盐调味，将牛肉块煮熟，撒上枸杞，淋香油即可。

胡萝卜
牛尾汤 | 难度★★★

原料 牛尾中段、胡萝卜各 250 克

调料 葱段、葱花、姜片、蒜、八角、黄酒、香油、酱油、水淀粉、味精、盐各适量

步骤

1 牛尾剁成段，用清水浸泡 1 小时，放入沸水锅中氽一下，捞出。

2 牛尾段放入砂锅中，加水，大火煮沸，撇去浮沫，加黄酒。

3 小火煨 40 分钟后加入葱段、姜片、八角、蒜、盐、酱油，继续用小火煨煮。

4 胡萝卜切成片，在盘中铺成花瓣状，煮熟的牛尾段摆入盘内的胡萝卜片上。用滤网筛去砂锅内的料渣，即成过滤好的卤汁。舀一勺卤汁浇在牛尾段上，剩余的卤汁留用。

5 将盘上笼，用大火蒸 5 分钟后取出，用筷子渣出蒸肉的汁。

6 将之前过滤好的卤汁倒入另一个锅内，置火上烧开，用水淀粉勾薄芡，淋香油，撒葱花、味精，浇在盘中即成。

香菜草鱼汤 | 难度★★

原料　草鱼肉 250 克，蛋清 30 克，枸杞适量

调料　香菜 50 克，淀粉 1 大匙，料酒 2 小匙，姜粉、盐、胡椒粉各 1 小匙，骨头汤 500 毫升，香油 1/3 小匙

制作心得
◎下入草鱼片时要大火沸水，效果才好。
◎应随时撇去汤中的浮沫，以保持汤汁清澈。

1
香菜择洗干净，切成小段。草鱼肉洗净，用刀切成片。

2
草鱼片放入盆内，加入料酒和 1/2 小匙盐拌匀，再加入蛋清和淀粉拌匀上浆。

3
锅内倒入骨头汤煮沸，放入姜粉煮 5 分钟。逐片下入上浆的草鱼片氽至刚熟，加入胡椒粉和剩余盐调味。

4
撒香菜段和枸杞，淋香油，装碗食用即成。

番茄乌鱼片

| 难度★★

原料 番茄 200 克，带皮乌鱼肉 150 克，鸡蛋清 30 克

调料 淀粉 2 小匙，香葱末 1 大匙，料酒、姜片、蒜、辣椒粉、盐各 1 小匙，白糖 1/2 小匙，胡椒粉 1/3 小匙，鲜汤 1 杯，植物油 2 大匙

制作心得
◎乌鱼片不宜切得太薄，以免加热时碎掉。
◎要把番茄炒出沙后，再加鲜汤。

步骤

1
带皮乌鱼肉切成片，放入碗内加 1/2 小匙盐、料酒、胡椒粉、鸡蛋清和淀粉拌匀上浆。

2
番茄洗净，在火上烤至皮皱后取下，撕去表皮，切成块。

3
锅内添水烧开，放入乌鱼片汆至五成熟，捞出，控干水。

4
坐锅点火，倒入植物油烧热后，炸香姜片和蒜，下入番茄块炒出沙，加辣椒粉略炒，倒入鲜汤烧开，放入白糖和剩余盐调味。

5
放入汆好的乌鱼片稍煮。

6
出锅盛入碗内，撒香葱末即成。

猪蹄瓜菇煲

| 难度★★

原料 猪前蹄1只，丝瓜300克，豆腐250克，红枣、干香菇各30克，黄芪、枸杞、当归各适量

调料 姜片、盐各适量

步骤

1 干香菇洗净，用温水泡发，剪去菇柄，切块。

2 丝瓜削去皮，洗净，切块。

3 豆腐冲洗一下，切块备用。

4 猪前蹄去毛，洗净，剁成块。猪蹄块放入开水锅中煮10分钟，捞出，用水冲净。

5 黄芪、枸杞、当归、红枣放入纱布袋中，制成香料袋备用。

6 锅内放入香料袋、猪蹄块、香菇块、姜片及适量清水，大火煮开后改小火，煮1小时至猪蹄块熟烂。

7 再放入丝瓜块、豆腐块，继续煮5分钟，加盐调味即成。

豆腐猪蹄汤 | 难度★★

原料 猪蹄 1 只，豆腐 500 克，干香菇 50 克，胡萝卜 100 克

调料 姜丝、盐、香菜叶各适量

步骤

1

干香菇洗净，用温水泡发，剪去菇柄。豆腐冲洗一下，切块备用。

2

胡萝卜洗净，切菱形片。

3

猪蹄治净，剁成块。

4

猪蹄块放入开水锅中煮 10 分钟，捞出，用水冲净。

5

另起锅，倒入适量水，放入猪蹄块、香菇、胡萝卜片、豆腐块、姜丝。

6

加入盐，炖至猪蹄块熟烂时离火，撒上香菜叶即成。

豆腐丝瓜鳙鱼头汤 | 难度★★

原料 鲜鳙鱼头1个（约500克），豆腐、丝瓜各500克

调料 生姜、香油、盐、盐水各适量

步骤

1 丝瓜去皮，洗净，切成滚刀块。

2 鱼头去鳃，洗净后切成两半。

3 豆腐放入盐水中浸泡15分钟，洗净，切成小块。

4 生姜削去皮，洗净后切成细丝。

5 锅洗净，置于大火上，把鱼头、生姜丝放入锅里，加入适量清水，大火煮沸。

6 调入香油、盐，盖上锅盖煮10分钟，放入豆腐块和丝瓜块，再用小火煮15分钟即成。

老年人饮食原则

限制脂肪的总摄入量。

选择容易消化的食物。

以豆、米、面等食材混食为宜，并且应该适量食用一些粗粮。

注意蛋白质的供应。

提倡营养全面而均衡。

老年人进补禁忌

进补应有针对性，不应过度进补：补勿过度，过犹不及。

药食之间有禁忌，搭配要合理。

忌过于滋腻厚味，忌在患外感病时进补。

鲜人参炖老鸽

| 难度★★

原料 净老鸽1只，鲜人参15克，枸杞、桂圆肉、大枣各10克，瘦肉100克

调料 盐、白糖、高汤、葱段、姜片各适量

步骤

1. 将净老鸽从背部剖开，去内脏，氽水后洗净。
2. 将处理好的老鸽和其他原料放入砂锅内，加入高汤、葱段、姜片大火烧开，慢火炖2小时，加盐、白糖调味，拣去葱段、姜片，上桌即可。

番茄鲜虾蛋花汤 | 难度★★

原料 鲜虾仁 100 克，番茄（去皮）1 个，鸡蛋 2 个

调料 胡椒粉 1/4 小匙，料酒、淀粉各 1 小匙，番茄酱 2 小匙，盐 1 小匙，香油 1/2 小匙，小香葱段 5 克，葱片、蒜块各 15 克，花生油适量

步骤

1

鲜虾仁放入容器中，加入料酒、1/3 小匙盐、胡椒粉和淀粉抓匀，备用。

2

锅中放油，加入葱片和蒜块煸香。

3

去皮的番茄切成小块，下锅翻炒十几下。加入 2 小匙番茄酱炒匀，倒入热水，快烧开时加入虾仁。鸡蛋磕入碗中，打成鸡蛋液。汤烧开后倒入搅打均匀的鸡蛋液。

4

鸡蛋液膨起后立即关火，用铲子轻推锅底，加入 2/3 小匙盐、香油调味。最后撒小香葱段，盛出即可。

1

水发竹荪切成长度相等的长条。素火腿切成同竹荪大小相当的菱形片。

2

蛋清放入碗内，用筷子打散，加入 1/3 杯清水和 1/3 小匙盐搅匀，上笼用小火蒸 5 分钟。

3

取出，在蛋面上放竹荪条和素火腿片，再上笼用小火蒸 2 分钟后取出。

4

与此同时，锅内倒入高汤煮沸，加入白酱油、胡椒粉和剩余盐调味，调好味后缓缓冲入步骤 3 的碗内，撒上葱碎和红椒碎上桌即成。

竹荪芙蓉汤 | 难度★★★

原料 水发竹荪 75 克，蛋清 150 克，素火腿 50 克

调料 白酱油 2/3 大匙，盐 1 小匙，胡椒粉 1/2 小匙，高汤 2 杯，葱碎、红椒碎各适量

制作心得
◎蛋清第一次蒸至半熟即可取出。若蒸熟后再复蒸，口感会老。
◎蒸制时必须用小火，才能保证蛋清滑嫩的口感。

清蒸人参鸡 | 难度★★

原料 母鸡1只，人参、干香菇各15克，火腿、玉兰片各10克

调料 姜片、料酒、盐、香菜各适量

步骤

1. 将母鸡宰杀，去毛及内脏，治净。
2. 人参、玉兰片、干香菇分别用水泡发，待用。火腿切菱形片。
3. 母鸡放入耐热盛器中，加入人参、玉兰片、香菇、火腿片、姜片、料酒、盐和清水。
4. 将耐热盛器放入蒸锅中，隔水蒸熟，用香菜点缀即成。

鹌鹑冬瓜煲 | 难度★★

原料 鹌鹑1只，冬瓜500克，枸杞1粒

调料 棒骨汤3000克，盐、味精、胡椒粉、料酒、鸡油、姜、葱、香菜各适量

步骤

1. 姜切片，葱切段。冬瓜去皮、瓤，洗净，切厚块。
2. 鹌鹑宰杀后去毛、内脏及爪子，剁成块。
3. 将冬瓜块、鹌鹑块一同放入煲内，加入盐、味精、胡椒粉、料酒、鸡油、姜片、葱段，倒入棒骨汤，盖上盖，大火煮熟后，撒上香菜和枸杞上桌即成。

竹荪肝膏汤

┃ 难度★★★

原料 鲜鸡肝 200 克，水发竹荪 75 克，蛋清 60 克

调料 葱白、生姜各 10 克，香菜叶 5 克，料酒、水淀粉各 1 大匙，盐 1 小匙，胡椒粉 1/2 小匙，清汤 3 杯，红椒碎适量

制作心得
◎必须选取鲜嫩的鸡肝。
◎蒸制肝膏时，要控制好时间和火力，以保证成菜的鲜嫩度。

步骤

1 水发竹荪切去两头，切成 3 厘米长的段，再纵切成条，汆烫后捞出，挤干水。

2 生姜洗净，切片。葱白洗净，切段。

3 鲜鸡肝洗净，捣成细蓉。加入姜片、葱白段、料酒、1/2 小匙盐和 1/4 小匙胡椒粉搅匀，过细筛去渣。

4 再加入蛋清和水淀粉搅匀，用保鲜膜封口，上笼用小火蒸熟后取出，即成肝膏。

5 清汤倒入锅内，上火煮沸，加入剩余盐和胡椒粉调味，再放入竹荪条煮至入味。

6 起锅倒在蒸好的肝膏上，用香菜叶和红椒碎点缀即成。

羊骨汤氽鱼片 | 难度★★★

原料 鲶鱼中段1段（约300克），鲜羊骨200克，蛋清30克，胡萝卜丁适量

调料 葱结、姜片各5克，淀粉2小匙，料酒、盐各1小匙，胡椒粉1/2小匙，香油1/3小匙，香菜10克，小葱花适量

步骤

1 将鲶鱼中段剔骨，取净肉切成0.3厘米厚的大片，用清水洗去黏液。取鲶鱼骨备用。

2 挤干水，放入小盆内，加入料酒、1/2小匙盐、蛋清和淀粉抓匀上浆。

3 香菜洗净，切小段。

4 鲜羊骨和鲶鱼骨放入沸水中氽烫一下，捞出。

5 锅内放入鲜羊骨和鲶鱼骨，加入葱结、姜片和适量清水，以大火煮至汤白，捞出料渣。

6 逐一下入上浆的鲶鱼片氽熟，加入胡椒粉和剩余盐调味。

7 起锅盛入碗内，淋香油，撒香菜段、胡萝卜丁和小葱花即成。

制作心得

◎鲶鱼肉切片时要厚薄一致，并且在洗净黏液后上浆。

◎蛋清必须充分打散后，再与鲶鱼片抓匀，这样氽制时才不会脱浆。

◎锅内下入鲶鱼片后不宜过多翻搅，以免鲶鱼片软烂不成形。

花旗参木瓜煲排骨 | 难度★★

原料 排骨 300 克，花旗参 5 克，木瓜 200 克

调料 陈皮、老姜、盐各适量

步骤

1. 排骨洗净，剁成块，氽水。花旗参洗净。
2. 木瓜去皮、籽，洗净，切成块，放入沸水锅中氽水。
3. 将排骨块、花旗参、木瓜块放入锅中，加水、陈皮、老姜，小火煲 3 小时，加盐调味，出锅装碗即可。

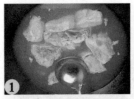

南瓜四喜汤 | 难度★★

原料 南瓜 200 克，牛肉丸 100 克，胡萝卜 70 克，莴笋 50 克

调料 清汤、盐、鸡精、香油各适量

步骤

1. 将南瓜、胡萝卜、莴笋洗净，去皮，切成小块。
2. 清汤入锅，加入牛肉丸烧开。
3. 撇去浮沫，放入南瓜块、胡萝卜块、莴笋块，大火烧开。
4. 加盐、鸡精调味，最后淋上香油即成。

南瓜蔬菜汤 | 难度★★

原料　南瓜、胡萝卜各100克，长豆角、山药各50克，干香菇3朵

调料　盐、鸡汁各适量

步骤

1
胡萝卜削去皮，切片。南瓜去皮及瓤，切片。

2
长豆角洗净，切成段。

3
干香菇泡发，切去柄，洗净，在菌盖上剞十字花刀。

4
山药削去皮，切片，用清水浸泡。

5
将步骤1～4处理好的蔬菜放入锅中，加入适量清水，大火煮沸。

6
改小火煮15分钟，加入盐、鸡汁调味即可。

木耳肉片汤 | 难度★

原料　干黑木耳 25 克，猪瘦肉 150 克，韭菜 50 克

调料　清汤 1000 克，水淀粉、盐、味精、香油各适量

步骤

1 干黑木耳用温水泡发好，撕成小块。

2 猪瘦肉洗净，切成片，放入碗内，加盐、水淀粉抓匀。

3 韭菜择洗干净，切成长段。

4 锅置大火上，倒入清汤，放入泡发好的木耳块，烧开。

5 放入瘦肉片煮熟，调入盐、味精。

6 放入韭菜段稍煮，起锅盛入碗中，淋香油即可。

Part 4

调理保健汤

大枣冬菇汤 | 难度★

原料 大红枣 15 颗，干冬菇 15 个

调料 葱花、生姜片、熟花生油、料酒、盐各适量

步骤

1. 干冬菇洗净，剪去柄，温水泡发。较大的冬菇从中间切开。
2. 大红枣洗净，去核。
3. 冬菇、红枣、盐、料酒、葱花、生姜片一起放入蒸碗内，加入适量清水和熟花生油。
4. 盖好蒸碗盖，上笼蒸 60～90 分钟即成。

桂圆当归鸡汤
| 难度★★

原料 鸡半只(约 500 克)，桂圆、当归各 15 克

调料 香菜段、盐各适量

步骤

1. 桂圆剥去外壳，洗净。当归洗净，控干水。
2. 鸡处理干净，入锅，加适量清水，大火煮开，捞出，沥干水。
3. 另取锅，放入鸡，倒入清水，用小火炖至鸡肉半熟时加入桂圆、当归，炖至鸡肉熟烂，加盐调味，放上香菜段即可。

姜母鸭 | 难度★★

原料 鸭块 500 克

调料 姜 100 克，米酒 200 毫升，香菜段、盐、花生油各适量

步骤

1. 姜洗净，1/3 切成丝，1/3 切成片，1/3 磨成末。姜末用纱布挤出汁备用。
2. 鸭块洗净，放入沸水锅中快速过水后捞出，沥干水。
3. 锅中加少许油烧热，放入姜片炒至香味飘出，再加入鸭块一起煸炒。
4. 加盐和米酒煮开，倒入碗中，撒上姜丝。入蒸锅，用大火蒸 2 小时，撒上香菜段即可。

菊花猪肝汤 | 难度★

原料 猪肝 100 克，鲜菊花 12 朵

调料 植物油、葱花、盐、料酒各适量

步骤

1. 猪肝洗净，切薄片。猪肝片加植物油、料酒腌10 分钟。
2. 鲜菊花洗净，取花瓣，放入清水锅内煮片刻。
3. 放入猪肝再煮 20 分钟，加盐调味，撒上葱花即成。

银耳猪肝汤 | 难度★★

原料 银耳 10 克，鸡蛋 1 个，猪肝 50 克

调料 姜、葱、盐、酱油、淀粉、植物油各适量

步骤

1 银耳放入温水中泡发，切去根部，撕成小朵。

2 姜切片，葱切段。猪肝洗净，切片。鸡蛋打散成蛋液。

3 猪肝片放碗中，加入淀粉、盐、酱油、蛋液拌匀。

4 炒锅置大火上烧热，加入植物油烧至六成热，下姜片、葱段爆香。

5 倒入 300 毫升清水烧沸，放入银耳、猪肝片再煮 10 分钟即成。

参竹老鸭汤 | 难度★★

原料 老鸭 750 克，沙参、玉竹各 50 克

调料 盐、香菜段适量

步骤

1. 老鸭宰杀，去毛、内脏，洗净，剁成块。沙参、玉竹分别洗净，控干水。
2. 将鸭块放入沸水锅中氽烫一下，捞出，控水。
3. 将全部原料放入锅内，加清水煮沸，撇去浮沫，改小火煲 2 小时，加盐调味，放上香菜段即可。

海藻牡蛎汤 | 难度★★

原料 海藻 30 克，牡蛎肉 100 克

调料 料酒、姜、葱、盐、鸡油各适量

步骤

1. 海藻洗净。姜切片，葱切段。
2. 牡蛎肉洗净，切成片。
3. 海藻、牡蛎肉片、姜片、葱段、料酒一同放入炖盅内，加适量清水。
4. 炖盅置蒸锅内，大火蒸 20 分钟后取出，加盐、鸡油搅匀即成。

生姜鲫鱼汤 | 难度★★

原料　鲫鱼1条，绿叶菜2棵

调料　生姜30克，陈皮10克，白胡椒粒3克，
葱花、盐、味精各适量

步骤

1. 鲫鱼去鳞、鳃，剖腹，去内脏。
2. 将生姜、陈皮、白胡椒粒用纱布包好，制成料包。
3. 将包好的料包放入鱼腹中。
4. 鲫鱼放入锅中，加清水煮熟，取出料包，放绿
   叶菜略煮，调入盐、味精，撒上葱花即可。

花生小豆鲫鱼汤
| 难度★★

原料　花生仁200克，红小豆120克，鲫鱼1条

调料　香菜段、盐、料酒各适量

步骤

1. 花生仁、红小豆分别洗净，沥干水。
2. 鲫鱼剖腹，去鳞及内脏。
3. 花生仁、红小豆、鲫鱼一同放入大碗中，加料
   酒、盐和清水。
4. 将大碗放入加水的锅中，大火隔水烧开，改小
   火烧至鱼肉熟烂，撒上香菜段即成。

杏仁麻黄豆腐

| 难度★★

原料 杏仁 15 克，麻黄 30 克，豆腐 125 克

调料 生姜片、葱花各适量

步骤

1. 杏仁、麻黄洗净，控干水。麻黄包入纱布中。豆腐洗净，切块。
2. 杏仁、豆腐块、生姜片一同放入锅中，放入麻黄包，加入适量水。
3. 小火煮 1 小时后捞去麻黄包，撒上葱花即可。

清炖鸡 **| 难度★★**

原料 小公鸡 1 只，青菜心 4 棵

调料 葱段、姜块、盐、白糖、料酒、胡椒粉、花椒、上汤各适量

步骤

1. 小公鸡从背部片开，去除内脏，冲洗干净。
2. 砂锅内加上汤、葱段、姜块、花椒、小公鸡、料酒，小火烧开。
3. 炖至鸡熟烂时拣出葱、姜、花椒，放入青菜心稍煮，加盐、白糖、胡椒粉调味即可。

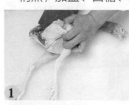 

青芥浓汤鲤鱼片 | 难度★★★

原料　鲜鲤鱼1条（约650克），金针菇、丝瓜各150克

调料　生姜5片，大葱3段，淀粉1大匙，料酒2大匙，青芥辣、盐各1小匙，色拉油3大匙，红椒碎少许

步骤

1 将鲜鲤鱼宰杀处理干净，剔下净鱼肉切成厚片，放入盆内，加入淀粉、1大匙料酒和1/3小匙盐拌匀上浆。鱼头和鱼骨剁成块。

2 丝瓜洗净，削皮，切成滚刀小块。金针菇去除根部，洗净。青芥辣放入碗内，加入1大匙清水调匀。

3 汤锅上火，放入鱼片汆至定形后捞出。

4 再下入鱼头块和鱼骨块汆透，捞出后用清水洗去污沫。

5 坐锅点火，倒入色拉油烧热，放入姜片和葱段爆香，倒入鱼头块和鱼骨块煎透。

6 烹入剩余料酒，倒入适量开水，以大火煮沸，煮至汤白后捞出鱼头块、鱼骨块、葱段、姜片。

7 将金针菇和丝瓜块放入鱼汤中，加入剩余盐和青芥辣汁调味。

8 再次煮沸，放入鱼片煮熟，起锅盛入汤盆内，撒上红椒碎即成。

制作心得

◎此菜主要突出青芥辣的味道，用量以入口能接受为度。

◎汆烫时要用旺火、沸水，鱼片定形后迅速捞出。

◎一定要用开水熬汤，否则汤色欠佳。

奶汤猴头
牛骨髓 | 难度★★

原料 牛骨髓 200 克，油菜心、猴头菇各 50 克

调料 高汤（用老母鸡、老鸭、鲜牛骨、金华火腿熬制而成）、米酒、盐各适量

步骤

1. 牛骨髓洗净，切段，汆水后捞出，沥水。
2. 猴头菇切片，洗净。油菜心焯水，捞出，沥水。
3. 将高汤倒入锅内烧开，加盐、米酒调味，放入牛骨髓、猴头菇煮至入味，撇去浮沫，放入油菜心，装盘即可。

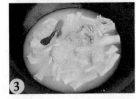

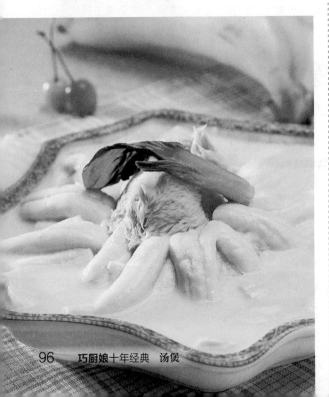

枸杞牛肝汤
| 难度★★

原料 牛肝 100 克，枸杞 30 克

调料 盐、味精、花生油、牛肉汤、葱花各适量

步骤

1. 枸杞洗净。牛肝洗净，切块。
2. 炒锅置火上，倒入花生油烧至八成热，放入牛肝块煸炒一下即盛出。
3. 炒锅洗净，置火上，注入牛肉汤，放入牛肝块、枸杞。
4. 炖煮至牛肝块熟透，加盐和味精调味，撒上葱花即成。

贞莲猪肉汤

| 难度★

原料 瘦猪肉250克，女贞子12克，旱莲草15克

调料 盐少许，葱花适量

步骤

1. 瘦猪肉洗净，切块。
2. 女贞子、旱莲草均洗净，控干。
3. 所有原料一同放入砂锅中，加适量水，置于火上。
4. 煮至肉熟烂后加盐调味，撒上葱花即可。

当归鸡汤 | 难度★★

原料 当归30克，母鸡1只

调料 盐、植物油、香菜段各适量

步骤

1. 当归洗净，放入锅中，加水煎取药汁。
2. 将母鸡宰杀，去毛及内脏。
3. 处理好的母鸡放入盛器中，加植物油、盐和清水，隔水蒸1小时至熟。
4. 将鸡汤倒出，与当归药汁混合后倒回盛器中，放上香菜段即成。

人参桂圆炖猪心 | 难度★★

原料 猪心1个，鲜人参1根，桂圆50克，油菜叶1片

调料 姜片、鸡汤、盐、味精各适量

步骤

1. 将猪心剖开，除去白膜及油脂，切成块，用清水冲去血污。
2. 鲜人参用清水稍浸泡，去除异味。桂圆剥去壳，清洗干净。
3. 将猪心、鲜人参、桂圆及姜片放入锅内，加入鸡汤，置大火上烧开，撇去表面浮沫。
4. 盖好盖，用小火再炖2小时左右，放入油菜叶，加适量盐、味精调味即成。

猪心红枣汤 | 难度★

原料 猪心1个，红枣25克

调料 生姜、胡椒粉、葱、盐、香油、香菜段各适量

步骤

1. 猪心处理干净，切片。
2. 红枣去核，洗净。
3. 猪心片、红枣、生姜、葱一同放入砂锅中，大火煮沸。
4. 改用小火炖至猪心熟烂，加盐、胡椒粉调味，淋香油，点缀香菜段即成。

心肺炖花生 | 难度★★

原料 猪心1个，猪肺1具，花生仁1000克

调料 盐、味精、香油、草果、八角、姜各适量

步骤

1. 姜洗净，拍扁，切块。花生仁入沸水汆烫，剥去皮。
2. 猪心、猪肺分别处理好，洗净，冷水入锅，烧沸后捞入清水中，洗净，切块。
3. 炒锅上火，注入清水500毫升，下猪心、猪肺、姜块、草果、八角，大火烧开，撇去浮沫。
4. 将汤汁倒入锅内，下花生仁，小火炖约4小时，调入盐和味精，淋香油即成。

百合肚肺 | 难度★

原料 猪肚150克，猪肺1具，百合50克，火腿少许

调料 葱花、盐各适量

步骤

1. 百合掰成瓣，洗净，控干。猪肺处理好，洗净，切条。
2. 火腿切片。猪肚处理好，洗净，切条。
3. 将猪肺条、猪肚条、火腿片一同入锅，加适量水煮至半熟。
4. 再放入百合瓣，煮至百合变软，加盐调味，撒上葱花即成。

山药羊肉汤 | 难度★★

原料 羊肉 500 克，淮山药 50 克

调料 生姜、葱白、胡椒、料酒、盐、香菜段各适量

步骤

1 生姜、葱白洗净，拍破。淮山药洗净，去皮，切成厚 0.2 厘米的片。

2 羊肉剔去筋膜，洗净，略划刀口，再入沸水锅内氽去血水，捞出，控干水。

3 淮山药片与羊肉一起放入锅中，加清水、生姜、葱白、胡椒、料酒，大火烧沸。

4 撇去汤面上的浮沫，转小火炖至羊肉酥烂。

5 捞出羊肉放凉，切片，放入碗中。

6 将原汤中生姜、葱白去除，连淮山药一起倒入羊肉碗内，加盐调味，放上香菜段即成。

山药苦瓜
煲猪肝 | 难度★★

原料 猪肝 200 克，猪瘦肉 50 克，苦瓜 2 根，山药 20 克，枸杞 5 克

调料 盐、白胡椒粉、葱末、姜末、鸡汤、植物油各适量

步骤

1. 猪肝洗净，切片。猪肉洗净，切片。山药削去皮，切片。苦瓜去皮和瓤，切片。
2. 锅入油烧至七成热，放入葱末、姜末、肉片和猪肝片煸炒出香味。
3. 加入适量鸡汤，放入山药片、枸杞、盐、白胡椒粉，用大火煮开。
4. 改用中火煮 10 分钟，放入苦瓜片稍煮即成。

绿豆南瓜汤
| 难度★

原料 绿豆 50 克，老南瓜 500 克

调料 盐适量

步骤

1. 绿豆用清水淘洗干净，控干，趁未完全干透时加入少许盐拌匀，腌 3 分钟后用清水冲洗干净。
2. 老南瓜削去表皮，挖去瓜瓤，用清水冲洗干净，切成块。
3. 锅内注入 500 毫升清水，大火烧沸，下绿豆煮 2 分钟，淋入少许凉水。
4. 待再沸时下入南瓜块，盖上盖，小火煮 30 分钟，至绿豆开花，加盐调味即成。

莲子百合燕窝

| 难度★

原料 莲子、百合、红枣、燕窝各10克

步骤

1. 莲子发透，去心。
2. 百合洗净，撕成瓣状。
3. 红枣去核。燕窝发透，去杂质。
4. 莲子、百合、红枣、燕窝放入蒸碗内，加80毫升水，隔水大火蒸50分钟即成。

冰糖银耳橘瓣羹

| 难度★

原料 成熟橘子2个，银耳30克，枸杞5克

调料 冰糖适量

步骤

1. 橘子剥去皮，取带橘络的橘瓣。
2. 银耳用温水泡发，去除黄色根部，撕成小朵。
3. 橘瓣、银耳一同放入锅中，加适量清水，置火上，盖好锅盖。
4. 煮约半小时后加入冰糖，撒入枸杞即可。

银耳鹌蛋羹 | 难度★★★

原料　干银耳 15 克，鹌鹑蛋 6 个，枸杞 2 粒

调料　白砂糖 60 克，猪油适量

步骤

1

干银耳泡发，除去根部和杂质，撕成小朵。

2

银耳放入汤锅内，加适量清水，用中火长时间熬煮至银耳胶质溶出、软烂。

3

取 6 个炖盅，内壁抹上猪油，将鹌鹑蛋分别打入盅内。

4

将炖盅上笼，用小火蒸 3 分钟左右取出，放入清水中使鹌鹑蛋浮起。

5

炖着的银耳羹中放入白砂糖，煮至化开后撇去浮沫。

6

再放入鹌鹑蛋煮沸，起锅放入枸杞即成。

锅仔泥鳅片 | 难度★★★

原料 去骨泥鳅 250 克，青笋 150 克，黄豆芽、滑子菇各 100 克，柠檬 2 片

调料 香菜段 10 克，色拉油 3 大匙，豆瓣酱、剁椒酱各 1 大匙，料酒、淀粉、酱油各 2 小匙，姜末、蒜末、盐各 1 小匙

步骤

1 将去骨泥鳅切成厚片，放入小盆内，加入料酒、淀粉和 1/3 小匙盐拌匀，腌制 10 分钟。

2 豆瓣酱剁细。青笋去皮，切成 5 厘米长、筷子般粗的条。

3 黄豆芽和滑子菇放入沸水中焯透。

4 坐锅点火，倒入色拉油烧热，下入姜末和蒜末炸香，继续下豆瓣酱和剁椒酱炒出红油，放入青笋条、黄豆芽和滑子菇略炒。

5 倒入适量开水煮至断生，捞入锅仔内垫底。

6 再将泥鳅片下入锅内煮熟，加入酱油和剩余盐调好颜色和味道。

7 起锅倒入锅仔内，撒香菜段。

8 将锅仔置于点燃的酒精炉上，放入柠檬片即成。

制作心得
◎泥鳅应事先放在加有盐和油的清水中养一两天，让其吐净污物，去除土腥味后再行处理。
◎泥鳅煮制时间不宜过长，断生即可。

意式奶油土豆汤 | 难度★★★

原料 土豆 200 克，淡奶油 1/2 杯，芦笋 100 克，洋葱 50 克

调料 黄油 25 克，盐 1/2 小匙，黑胡椒碎 1 小匙，香叶 2 片，高汤 3 杯

制作心得
◎香叶撕开叶柄，煮制时香味才易挥发出来。
◎如果想保留土豆汤汁的颗粒感，可以少搅打一会儿。

步骤

1 土豆洗净，去皮，切成小块。

2 芦笋去根，削去老皮，取茎部切成小段。洋葱切丝。

3 坐锅点火，将黄油加热至化开，放入洋葱丝和芦笋段，小火炒至吃足油分，再加入高汤和香叶。

4 大火煮沸后放入土豆块，小火煮至土豆块熟透，拣出香叶。

5 将煮好的汤汁和原料放凉，一同倒入料理机内，搅打成土豆汤汁。

6 土豆汤汁重倒入锅内加热，调入淡奶油和盐，撒黑胡椒碎即成。